GUANGDONG PROVINCE
WATER RESOURCES BULLETIN

广东省水资源公报
2023

广东省水利厅　编

中国水利水电出版社
www.waterpub.com.cn
·北京·

图书在版编目（CIP）数据

广东省水资源公报. 2023 / 广东省水利厅编. --
北京 ： 中国水利水电出版社，2024. 6. -- ISBN 978-7
-5226-2483-9

Ⅰ. TV211

中国国家版本馆CIP数据核字第2024877P0J号

审图号：粤 S(2024) 067 号

书　　名	广东省水资源公报 2023 GUANGDONG SHENG SHUIZIYUAN GONGBAO 2023
作　　者	广东省水利厅　编
出版发行	中国水利水电出版社 （北京市海淀区玉渊潭南路 1 号 D 座　100038） 网址：www.waterpub.com.cn E–mail：sales@mwr.gov.cn 电话：（010）68545888（营销中心）
经　　售	北京科水图书销售有限公司 电话：（010）68545874、63202643 全国各地新华书店和相关出版物销售网点
排　　版	中国水利水电出版社装帧出版部
印　　刷	北京印匠彩色印刷有限公司
规　　格	210mm×285mm　16 开本　2.75 印张　60 千字
版　　次	2024 年 6 月第 1 版　2024 年 6 月第 1 次印刷
定　　价	48.00 元

编写说明

1.范围及分区

（1）《广东省水资源公报2023》（以下简称《公报》）按行政分区和流域分区分别统计分析2023年度广东省水资源及其开发利用情况。行政分区按广州、深圳、珠海、汕头、佛山、韶关、河源、梅州、惠州、汕尾、东莞、中山、江门、阳江、湛江、茂名、肇庆、清远、潮州、揭阳、云浮共21个地级及地级以上市统计。流域分区按珠江流域的东江、西江、北江、珠江三角洲、韩江、粤东诸河、粤西诸河7个分区，以及长江流域的湘江和赣江2个分区，共9个流域分区统计。

（2）《公报》中大湾区指粤港澳大湾区的广东省9市，即广州、深圳、珠海、佛山、惠州、东莞、中山、江门、肇庆。

2.术语定义

（1）降水量：大气中的水汽凝结后，在一定时段内降落到地面的水量。

（2）地表水资源量：河流、湖泊、冰川等地表水体逐年更新的动态水量，即当地天然河川径流量，常用地表水资源量与计算面积的比值（即径流深）来表示。

（3）地下水资源量：地下饱和含水层逐年更新的动态水量，即降水和地表水入渗对地下水的补给量。

（4）地下水与地表水资源不重复量：由降水入渗补给形成的、不能回归河道被水文断面监测的地下水资源量，即降水入渗补给量扣除降水入渗补给形成的河道排泄量。

（5）水资源总量：当地降水形成的地表和地下产水总量，即地表径流量与降水入渗补给量之和。

（6）供水量：各种水源提供的包括输水损失在内的水量之和，分为地表水源供水量、地下水源供水量和其他（非常规）水源供水量。地表水源供水量指地表水工程的取水量，按蓄水工程、引水工程、提水工程、调水工程四种形式统计，其中，调水工程统计跨流域调水且在本年度利用的水量；地下水源供水量指水井工程的开采量，按浅层和深层分别统计；其他（非常规）水源供水量指经过处理后可以利用或在一定条件下可直接利用的再生水、集蓄雨水、淡化海水、微咸水和矿坑（井）水等非常规水源利用量。海水直接利用量单独统计，不计入供水总量，主要统计以海水为原水，直接替代淡水作为直流火核电冷却等用途的水量。

（7）用水量：各类河道外用水户取用的包括输水损失在内的毛用水量之和。按生活用水、工业用水、农业用水和人工生态环境补水四大类用户统计，不包括海水直接利用量以及水力发电、航运等河道内用水量。生活用水包括城乡居民家庭生活用水和城乡公共设施用水（含第三产业及建筑业等用水）；工业用水指工矿企业用于生产活动的水量，包括主要生产用水、辅助生产用水（如机修、运输、空压站等）和附属生产用水（如绿化、办公室、浴室、食堂、厕所、保健站等），按新水取用量计，不包括企业内部的重复利用水量；农业用水包括耕地、林地、园地、牧草地灌溉用水，鱼塘补水及畜禽用水；人工生态环境补水包括城乡环境用水以及具有人工补水工程和明确补水目标的河湖、湿地补水，不包括降水、径流自然满足的水量。

（8）用水消耗量：在输水、用水过程中，通过蒸腾蒸发、土壤吸收、产品吸附、居民和牲畜饮用等多种途径消耗掉，而不能回归到地表水体和地下含水层的水量。

（9）流域水资源开发利用率：根据流域供水量，考虑跨流域调水（包括对港澳供水）的影响（即调出水量计入流域的供水量，调入水量不计入流域供水量），以流域供水总量占来水总量的百分比体现流域水资源开发利用的程度。来水总量按当年来水（包括水资源总量、水库蓄变量）、多年平均来水（水资源总量）组合含入境水量、不含入境水量四种情况分别计算。

3.指标解释

（1）年降水量距平是当年与多年平均降水量之差除以多年平均降水量的百分比。

（2）产水系数是水资源总量与降水总量的比值。

（3）产水模数是水资源总量与计算面积的比值。

（4）耗水率是用水消耗量占用水量的百分比。

（5）人均水资源量是当地水资源总量（不含过境水量）与常住人口的比值，分别按当年和多年平均水资源总量计算。

（6）人均综合用水量是用水总量与常住人口的比值。

（7）万元地区生产总值用水量是用水总量与地区生产总值的比值。

（8）万元工业增加值用水量是工业用水量与工业增加值的比值，其中不含直流火核电冷却用水是指扣除直流火核电冷却用水量后的工业用水量与工业增加值的比值。

（9）人均生活用水量是生活用水量与常住人口的比值。

（10）耕地实际灌溉亩均用水量是耕地灌溉用水量与耕地实际灌溉面积的比值。

（11）农田灌溉水有效利用系数是灌入田间蓄积于土壤根系层中可供作物利用的水量与灌溉毛用水量的比值。

4.数据说明

（1）《公报》中多年平均值统一采用1956—2016年水文系列平均值（来源于广东省第三次水资源调查评价成果）。

（2）降水丰枯评价标准依据水利部水资源调查评价技术规定，按年降水量分为丰水年（$P<12.5\%$）、偏丰水年（$P=12.5\%\sim37.5\%$）、平水年（$P=37.5\%\sim62.5\%$）、偏枯水年（$P=62.5\%\sim87.5\%$）、枯水年（$P>87.5\%$）五级。

（3）平均年降水量依据广东省1051个雨量站观测资料分析计算。

（4）水资源状况主要依据广东省80处江河水文站和103个地下水监测井的观测资料，按流域分区和行政分区进行评价。

（5）地下水年末水位为当年最后一日水位值，平原区地下水水位依据地下水水位监测站点数据采用克里金插值法计算。地下水水位动态按照当年末与上年末地下水水位的差值$<-0.5m$、$-0.5m$（含）$\sim0.5m$（含）、$>0.5m$分为下降区、相对稳定区、上升区。

（6）水资源开发利用状况主要依据广东省5100个用水统计调查对象直报水量进行核算。

（7）《公报》涉及的经济社会指标主要来源于广东省统计局。

（8）《公报》部分数据合计数由于单位取舍不同而产生的计算误差，未作调整。

目 录
contents

江门市小鸟天堂

一、概述

2023 年，广东省降水量和水资源量比多年平均值偏多，但时空分布不均匀；供水总量和用水总量比 2022 年有所减少，用水效率持续提升，用水结构不断优化。

2023 年，广东省平均年降水量 1892.5mm，比 2022 年减少 10.5%，比多年平均值偏多 5.9%；水资源总量 1956.0 亿 m³，比 2022 年减少 12.0%，比多年平均值偏多 6.1%。其中，地表水资源量 1946.3 亿 m³，比 2022 年减少 12.1%，比多年平均值偏多 6.1%；地下水资源量 483.0 亿 m³，比 2022 年减少 11.6%，比多年平均值偏多 7.5%。全省统计的 41 座大型水库和 337 座中型水库年末蓄水总量 198.5 亿 m³，比年初增加 8.5 亿 m³。

2023 年，广东省供水总量和用水总量均为 400.4 亿 m³，较 2022 年减少 1.3 亿 m³。按供水水源统计，地表水源供水量 382.0 亿 m³，占 95.4%；地下水源供水量 5.3 亿 m³，占 1.3%；其他（非常规）水源供水量 13.1 亿 m³，占 3.3%。按用水结构统计，农业用水量 197.5 亿 m³，占 49.3%；生活用水量 115.9 亿 m³，占 28.9%；工业用水量 73.6 亿 m³，占 18.4%；人工生态环境补水量 13.4 亿 m³，占 3.4%。

2023 年，广东省人均综合用水量 316m³，万元地区生产总值（当年价）用水量 29.5m³，万元工业增加值（当年价）用水量 15.1m³，人均生活用水量 250L/d，耕地实际灌溉亩均用水量 726m³，农田灌溉水有效利用系数 0.535。按可比价计算，万元地区生产总值用水量、万元工业增加值用水量分别比 2022 年下降 4.9% 和 4.0%。

珠海市黄杨河

1

二、水资源量

（一）降水量

2023 年，广东省平均年降水量 1892.5mm，降水频率为 33.3%，属偏丰水年，折合年降水总量 3360.6 亿 m³，比 2022 年减少 10.5%，比多年平均值偏多 5.9%。大湾区平均年降水量 1794.5mm，折合年降水总量 973.9 亿 m³，比 2022 年减少 12.5%，比多年平均值偏少 1.4%。

1. 行政分区情况

与 2022 年比，湛江、茂名、阳江、东莞市降水量分别增加 11.6%、11.2%、8.4%、4.4%，其余地区减少 2.9% ~ 25.8%，其中清远降幅最大；与多年平均值比，深圳、河源、汕头、汕尾、广州、潮州、揭阳、惠州市降水量偏少 1.0% ~ 15.4%，其余地区偏多 0.03% ~ 30.4%，其中阳江增幅最大。2023 年行政分区降水量与 2022 年及多年平均值比较见表 1 和图 1。

2. 流域分区情况

与 2022 年比，粤西诸河、赣江降水量分别增加 8.3%、3.4%，其余流域减少 6.0% ~ 19.4%，其中北江降幅最大。与多年平均值比，东江、粤东诸河降水量分别偏少 8.2%、6.7%，其余流域偏多 0.03% ~ 29.3%，其中粤西诸河增幅最大。2023 年流域分区降水量与 2022 年及多年平均值比较见表 2 和图 2。

阳江市寿长河

表 1 2023 年广东省行政分区降水量与 2022 年及多年平均值比较

行政分区	降水量 /mm	与 2022 年比较 /%	与多年平均值比较 /%
广州	1751.0	−8.9	−6.3
深圳	1943.2	−6.3	−1.0
珠海	2074.7	−2.9	2.7
汕头	1486.2	−21.9	−5.8
佛山	1689.1	−9.9	6.9
韶关	1874.6	−14.4	9.5
河源	1606.5	−17.0	−5.3
梅州	1660.6	−3.1	2.2
惠州	1596.8	−19.4	−15.4
汕尾	1986.5	−20.1	−5.8
东莞	1774.0	4.4	5.5
中山	1875.6	−9.8	5.8
江门	2225.8	−15.3	9.9
阳江	2944.3	8.4	30.4
湛江	1998.4	11.6	28.9
茂名	2384.5	11.2	29.8
肇庆	1664.5	−11.9	0.03
清远	1997.3	−25.8	4.0
潮州	1632.0	−14.3	−6.8
揭阳	1789.5	−20.7	−9.2
云浮	1690.2	−8.2	11.2
全省	1892.5	−10.5	5.9
其中：大湾区	1794.5	−12.5	−1.4

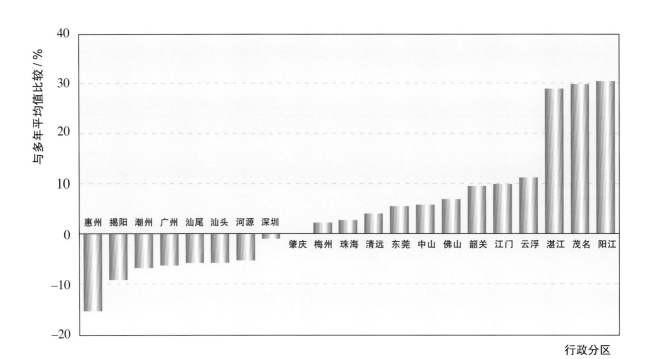

图 1 2023 年广东省行政分区降水量与多年平均值比较图

表 2 2023 年广东省流域分区降水量与 2022 年及多年平均值比较

流域分区	降水量 /mm	与 2022 年比较 /%	与多年平均值比较 /%
西江	1692.8	−9.1	5.8
北江	1914.4	−19.4	5.9
东江	1609.1	−17.2	−8.2
珠江三角洲	1860.9	−11.4	0.03
韩江	1619.0	−6.0	0.5
粤东诸河	1817.4	−18.4	−6.7
粤西诸河	2400.5	8.3	29.3
湘江	2062.5	−11.1	17.3
赣江	1599.2	3.4	10.4
全省	1892.5	−10.5	5.9

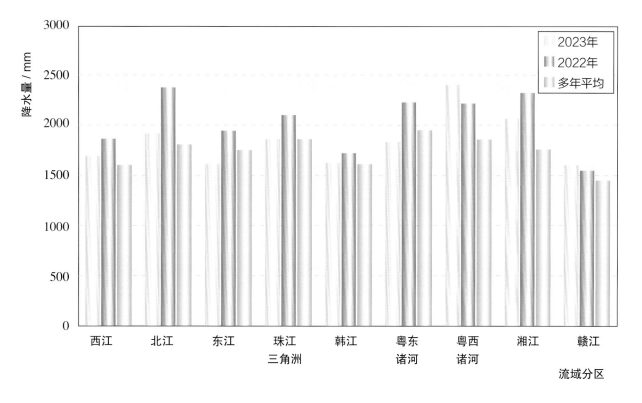

图 2 2023 年广东省流域分区降水量与 2022 年及多年平均值比较图

3. 降水特点

2023 年，广东省开汛较往年偏早，短历时强降雨频发，全年共出现 16 场强降雨过程，共有 98 条河流 205 站次发生超警洪水，其中罗定江上游发生两次超 100 年一遇、超历史实测特大洪水；粤西九洲江、鉴江发生超 50 年一遇特大洪水。

从时间分布看：汛期（4—9 月）降水量 1465.9mm，比多年平均值偏多 3.9%，占全年降水总量的 77.5%。前汛期（4—6 月）降水量 635.4mm，比多年平均值偏少 18.3%；后汛期（7—9 月）降水量 830.5mm，比多年平均值偏多 31.3%。非汛期降水量 426.6mm，比多年平均值偏多 13.3%。年内降水分配极不均匀，连续最大四个月（6—9 月）降水量 1165.9mm，占全年降水总量的 61.6%。与同期多年平均值相比，9—10 月降水量偏多 127.8%，11—12 月偏少 60.7%。2023 年雨量代表站月降水量与同期多年平均值比较见图 3。

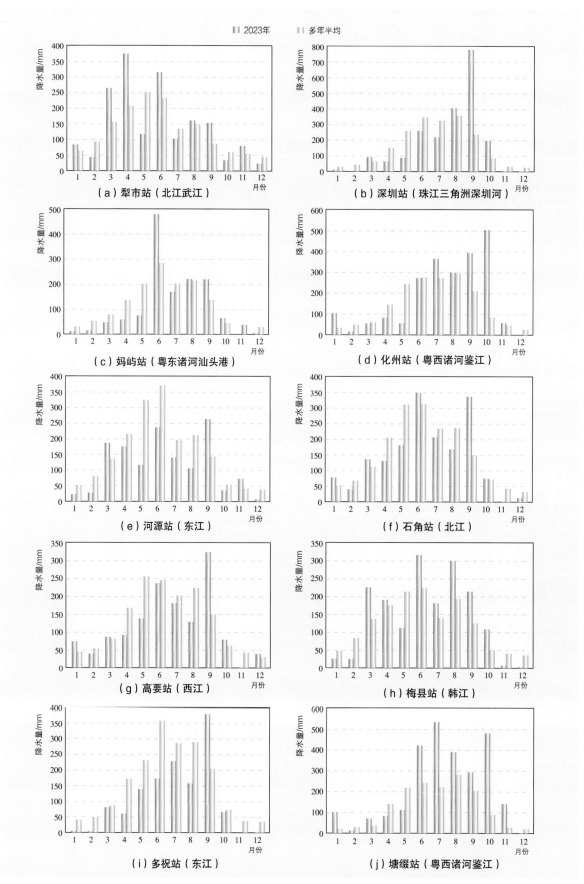

图 3 2023 年广东省雨量代表站月降水量与同期多年平均值比较图

从地域分布看：粤西诸河平均年降水量最大，为 2400.5mm；韩江白莲以下平均年降水量最小，为 1508.8mm，其余流域平均年降水量在 1550 ～ 2100mm。年降水最大点为阳江市阳春八甲镇仙家垌站，达 4530.5mm；年降水最小点为湛江市徐闻北港站，为 948.0mm，两者比值为 4.8。年降水量比多年平均值偏多、偏少幅度最大的站点分别为鉴江塘缀站（偏多 72.2%）、东江多祝站（偏少 30.5%）。高值区范围为：粤东沿海莲花山脉以南迎风坡，陆河、揭西、普宁一带；粤西沿海云雾山脉东南迎风坡，鹅凰嶂以南的阳西、阳东、阳春、恩平、台山一带；北江流域佛冈、清新、乳源一带等区域。低值区范围为：肇庆的封开、德庆、高要，韶关的乐昌，梅州的大埔，惠州的惠阳、惠城、惠东，河源的源城、东源、龙川，汕头等区域。2023 年降水量等值线见图 4，2023 年降水量距平见图 5。

珠海市淇澳岛

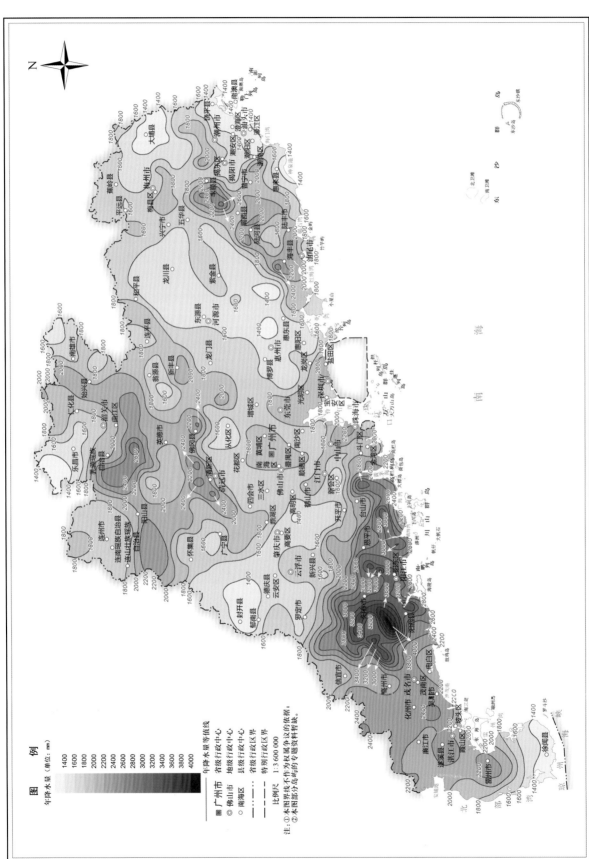

图 4　2023 年广东省年降水量等值线图

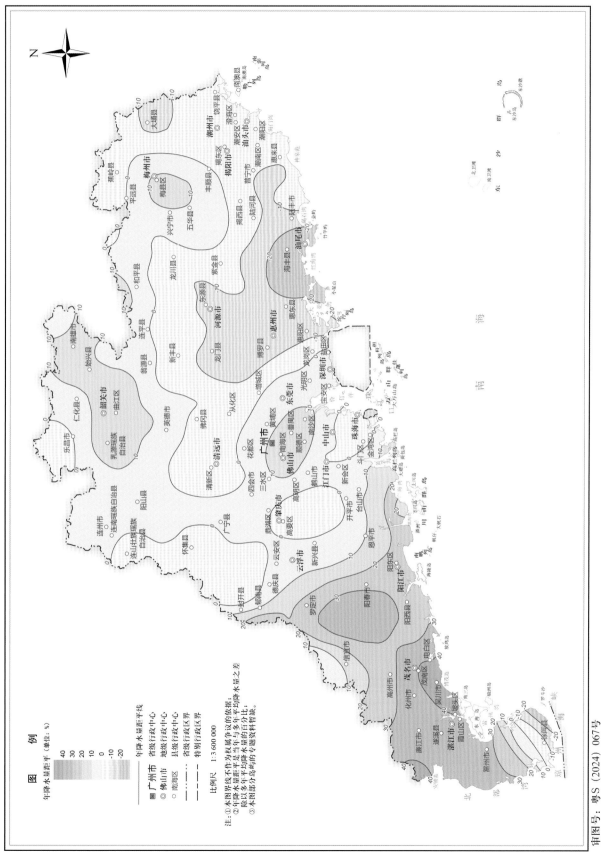

图 5 2023 年广东省年降水量距平图

（二）地表水资源量

2023 年，广东省地表水资源量 1946.3 亿 m³，折合年径流深 1096.0mm，比 2022 年减少 12.1%，比多年平均值偏多 6.1%。大湾区地表水资源量 566.0 亿 m³，比 2022 年减少 14.4%，比多年平均值偏少 1.7%。

1. 行政分区情况

与 2022 年比，梅州、东莞、阳江、茂名、湛江市地表水资源量增加 1.2% ~ 14.7%，其余地区减少 0.4% ~ 27.9%，其中清远降幅最大；与多年平均值比，深圳、汕头、广州、揭阳、河源、汕尾、潮州、惠州市地表水资源量偏少 3.7% ~ 24.5%，其余地区偏多 0.3% ~ 38.2%，其中阳江增幅最大。2023 年行政分区地表水资源量与多年平均值比较见图 6。

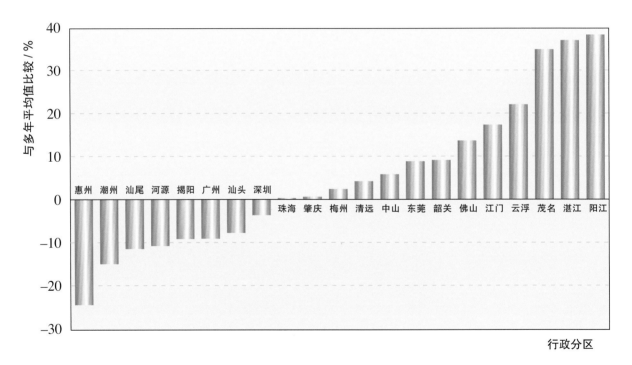

图 6　2023 年广东省行政分区地表水资源量与多年平均值比较图

茂名市露天矿好心湖

2. 流域分区情况

与 2022 年比，粤西诸河、赣江地表水资源量分别增加 11.0%、5.7%，其余流域减少 4.1% ~ 23.2%，其中北江降幅最大；与多年平均值比，东江、粤东诸河和韩江地表水资源量分别偏少 14.1%、10.3% 和 1.4%，其余流域偏多 1.6% ~ 36.5%，其中粤西诸河增幅最大。2023 年流域分区地表水资源量与 2022 年及多年平均值比较见表 3，2023 年流域分区径流深与 2022 年及多年平均值比较见图 7。

表 3 2023 年广东省流域分区地表水资源量与 2022 年及多年平均值比较

流域分区	地表水资源量 / 亿 m³	与 2022 年比较 /%	与多年平均值比较 /%
西江	166.2	−8.7	7.1
北江	514.1	−23.2	6.7
东江	208.3	−18.1	−14.1
珠江三角洲	287.4	−12.4	1.6
韩江	158.8	−4.1	−1.4
粤东诸河	162.1	−22.4	−10.3
粤西诸河	446.2	11.0	36.5
湘江	0.96	−19.2	6.1
赣江	2.3	5.7	15.0
全省	1946.3	−12.1	6.1

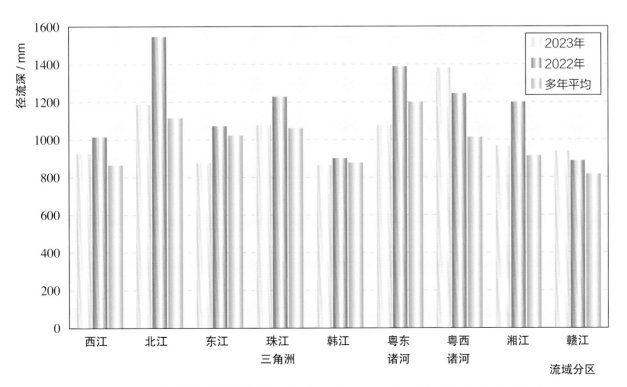

图 7 2023 年广东省流域分区径流深与 2022 年及多年平均值比较图

3. 地表水资源特点

广东省河川径流基本由降水补给，径流与降水的分布规律总体一致，呈时空分布极不均匀的特点。广东省大部分水文站连续最大四个月河川径流量占全年河川径流量的 50% ~ 75%，汛期（4—9 月）径流量占全年的 60% ~ 85%。2023 年广东省主要江河代表水文站实测月径流量与同期多年平均值比较见图 8。

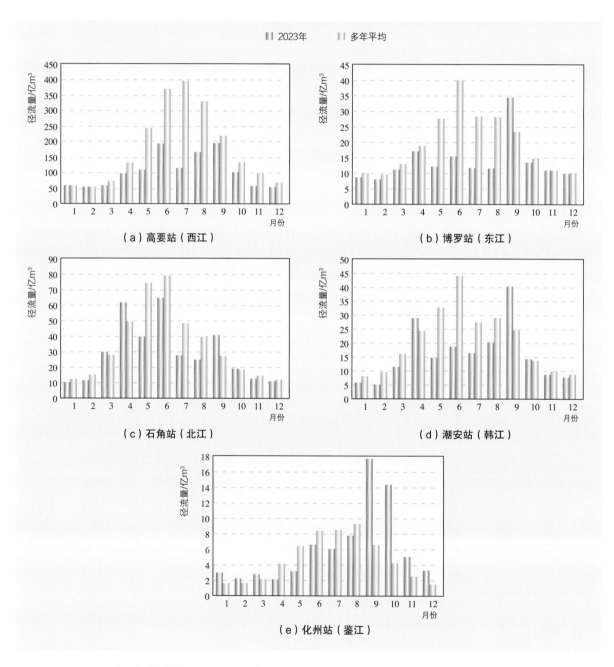

图 8 2023 年广东省主要江河代表水文站实测月径流量与同期多年平均值比较图

4. 出入省境和入海水量

2023 年，从邻省流入广东省的总入省境水量 1368.7 亿 m³，其中从广西壮族自治区流入 1230.8 亿 m³，其余从湖南省、江西省和福建省流入。从广东省流入邻近省份的水量 27.6 亿 m³，其中流入广西壮族自治区 24.5 亿 m³，其余流入湖南省和江西省。广东省入海水量 3113.3 亿 m³，其中从珠江八大口门入海 2302.2 亿 m³，其余从韩江、粤东和粤西诸河入海。与 2022 年比，入省境水量减少 45.2%，出省境水量减少 11.6%，入海水量减少 30.1%；与多年平均值比，入省境水量偏少 41.3%，出省境水量偏多 9.7%，入海水量偏少 21.9%，其中经西江从广西入省境水量偏少 44.2%，从珠江八大口门入海水量偏少 28.8%。2023 年出入省境和入海水量见图 9。

（三）地下水资源量

2023 年，广东省地下水资源量 483.0 亿 m³，比 2022 年减少 11.6%，比多年平均值偏多 7.5%。其中，大湾区地下水资源量 132.7 亿 m³，比 2022 年减少 14.4%，比多年平均值偏少 10.9%。平原区地下水资源量 48.5 亿 m³，比 2022 年增加 1.9%，比多年平均值偏多 3.6%，雷州半岛、珠江三角洲和潮汕平原等三大平原区地下水资源量分别为 22.6 亿 m³、19.8 亿 m³ 和 6.1 亿 m³。2023 年地下水资源量分布见图 10。

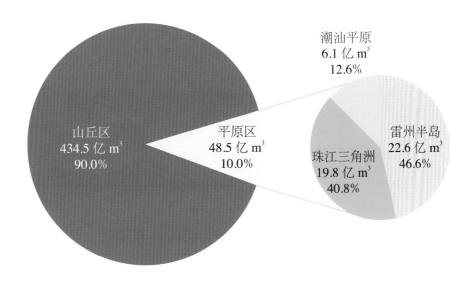

图 10 2023 年广东省地下水资源量分布图

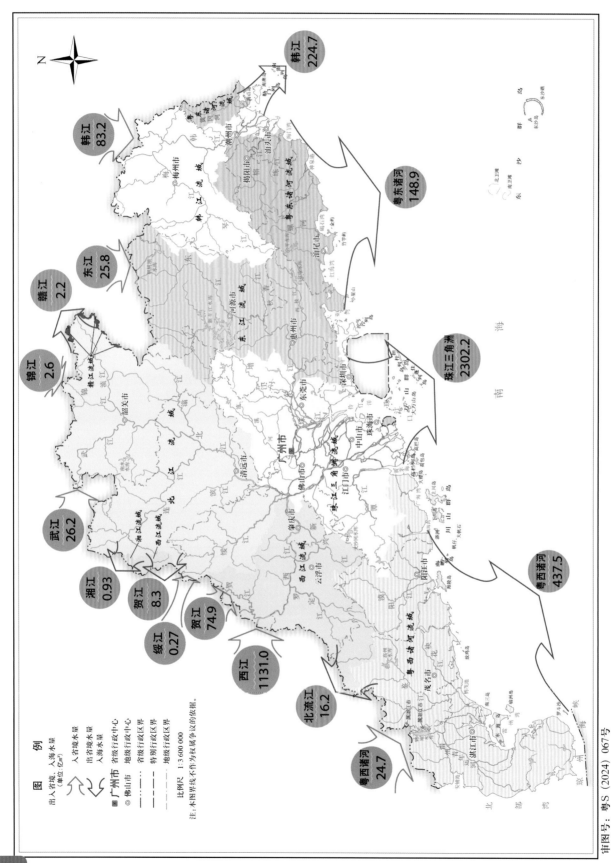

图 9 2023 年广东省出入省境和入海水量示意图

（四）水资源总量

2023 年，广东省水资源总量 1956.0 亿 m³，比 2022 年减少 12.0%，比多年平均值偏多 6.1%。其中，大湾区水资源总量 570.4 亿 m³，比 2022 年减少 14.3%，比多年平均值偏少 1.6%。广东省水资源总量占降水总量的 58.2%，产水模数为 110.1 万 m³/km²。

1. 行政分区情况

与 2022 年比，梅州、东莞、阳江、茂名、湛江水资源总量增加 1.2% ~ 14.3%，其余地区减少 0.3% ~ 27.9%，其中清远降幅最大；与多年平均值比，深圳、汕头、广州、揭阳、河源、汕尾、潮州、惠州水资源总量偏少 3.7% ~ 24.5%，其余地区偏多 0.5% ~ 38.2%，其中阳江增幅最大。2023 年行政分区水资源总量见表 4，与多年平均值比较见图 11。

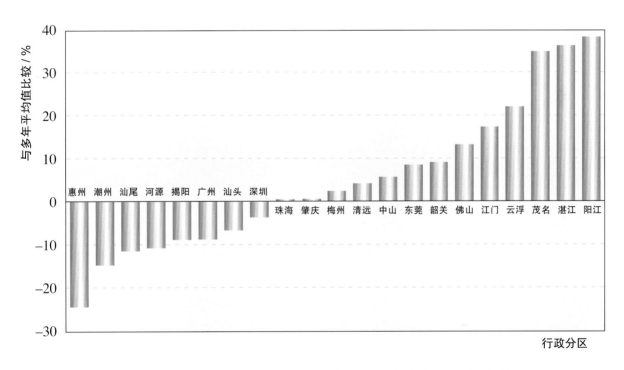

图 11 2023 年广东省行政分区水资源总量与多年平均值比较图

表 4 2023 年广东省行政分区水资源总量

行政分区	降水量 / 亿 m³	地表水资源量 / 亿 m³	地下水资源量 / 亿 m³	地下水与地表水资源不重复量 / 亿 m³	水资源总量 / 亿 m³	与2022年比较 /%	与多年平均值比较 /%	产水系数	产水模数 / （万 m³/ km²）
广州	126.5	68.1	13.6	1.1	69.2	−12.4	−8.8	0.55	95.8
深圳	45.2	26.3	5.6	0.03	26.4	−9.4	−3.7	0.58	113.3
珠海	28.3	17.4	2.0	0.51	17.9	−0.3	0.5	0.63	131.4
汕头	31.4	16.2	3.6	1.0	17.2	−26.8	−6.7	0.55	81.7
佛山	64.4	32.5	7.9	1.1	33.6	−16.3	13.2	0.52	88.2
韶关	344.6	199.8	48.9		199.8	−19.8	9.1	0.58	108.7
河源	251.3	134.3	35.0		134.3	−16.3	−10.8	0.53	85.9
梅州	263.6	145.4	36.5		145.4	1.2	2.4	0.55	91.6
惠州	178.4	93.3	24.0	0.17	93.4	−26.5	−24.5	0.52	83.6
汕尾	86.5	50.4	11.6		50.4	−24.1	−11.5	0.58	115.9
东莞	43.7	24.8	5.9	0.35	25.2	6.2	8.5	0.58	102.1
中山	31.5	18.2	2.8	0.60	18.8	−13.3	5.7	0.60	111.7
江门	208.6	140.8	27.4	0.32	141.1	−11.2	17.3	0.68	150.5
阳江	231.6	148.1	31.2		148.1	12.5	38.2	0.64	188.3
湛江	249.2	122.6	38.7	2.3	124.9	14.3	36.2	0.50	100.2
茂名	269.9	151.7	43.1		151.7	12.5	34.8	0.56	134.0
肇庆	247.3	144.5	43.5	0.27	144.8	−13.9	0.6	0.59	97.5
清远	382.5	249.1	57.6	0.02	249.1	−27.9	4.2	0.65	130.1
潮州	50.4	27.1	6.5	0.68	27.7	−23.3	−14.8	0.55	89.9
揭阳	94.2	59.8	14.5	1.2	61.0	−21.6	−8.9	0.65	115.8
云浮	131.5	75.9	23.1		75.9	−4.5	22.0	0.58	97.6
全省	3360.6	1946.3	483.0	9.7	1956.0	−12.0	6.1	0.58	110.1
其中：大湾区	973.9	566.0	132.7	4.4	570.4	−14.3	−1.6	0.59	105.1

2. 流域分区情况

与 2022 年比，粤西诸河、赣江水资源总量分别增加 10.9%、5.7%，其余流域减少 4.1% ~ 23.2%，其中北江降幅最大；与多年平均值比，东江、粤东诸河和韩江水资源总量分别偏少 14.1%、10.3% 和 1.1%，其余流域偏多 1.6% ~ 36.3%，其中粤西诸河增幅最大。2023 年流域分区水资源总量见表 5，与 2022 年及多年平均值比较见图 12。

表 5 2023 年广东省流域分区水资源总量

流域分区	降水量 / 亿 m³	地表水资源量 / 亿 m³	地下水资源量 / 亿 m³	地下水与地表水资源不重复量 / 亿 m³	水资源总量 / 亿 m³	与 2022 年比较 /%	与多年平均值比较 /%	产水系数	产水模数 / （万 m³/km²）
西江	303.4	166.2	52.6	0.14	166.3	−8.7	7.1	0.55	92.8
北江	827.8	514.1	125.6	0.10	514.2	−23.2	6.7	0.62	118.9
东江	381.6	208.3	56.6	0.08	208.4	−18.1	−14.1	0.55	87.9
珠江三角洲	496.6	287.4	57.0	4.1	291.5	−12.2	1.6	0.59	109.2
韩江	297.1	158.8	39.0	1.0	159.9	−4.1	−1.1	0.54	87.1
粤东诸河	273.4	162.1	38.4	1.9	164.0	−22.3	−10.3	0.60	109.0
粤西诸河	774.8	446.2	112.8	2.3	448.6	10.9	36.3	0.58	139.0
湘江	2.0	0.96	0.26		0.96	−19.2	6.1	0.47	96.9
赣江	3.8	2.3	0.66		2.3	5.7	15.0	0.59	93.9
全省	3360.6	1946.3	483.0	9.7	1956.0	−12.0	6.1	0.58	110.1

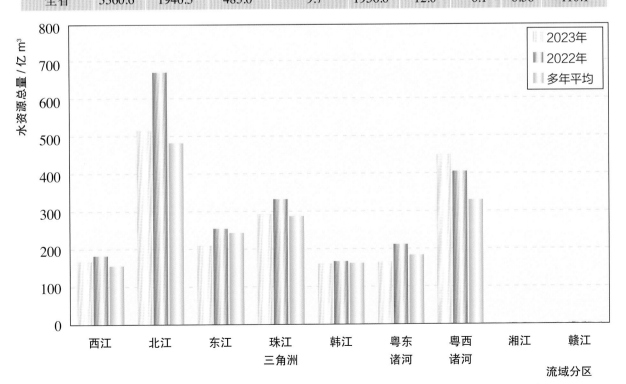

图 12 2023 年广东省流域分区水资源总量与 2022 年及多年平均值比较图

三、蓄水动态

（一）大中型水库蓄水动态

2023 年，广东省统计的 41 座大型水库和 337 座中型水库年末蓄水总量 198.5 亿 m³，比年初增加 8.5 亿 m³。其中，大型水库年末蓄水量 159.6 亿 m³，比年初增加 6.8 亿 m³；中型水库年末蓄水量 38.9 亿 m³，比年初增加 1.7 亿 m³。从行政分区看，江门、深圳、惠州、潮州、茂名年末蓄水量比年初减少，其余地区比年初增加。大湾区年末蓄水量比年初减少 0.5 亿 m³。从流域分区看，湘江、赣江无大中型水库，珠江三角洲年末蓄水量比年初减少 0.4 亿 m³，其余流域均有不同程度的增加，东江增加最多，达 5.6 亿 m³。2023 年行政分区、流域分区大中型水库蓄水动态见图 13 和图 14，大型水库年末蓄水量示意见图 15。

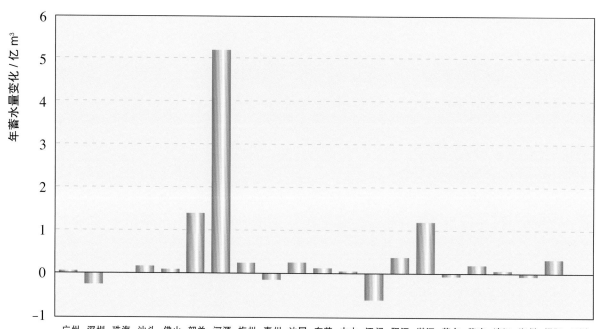

图 13 2023 年广东省行政分区大中型水库年蓄水量变化

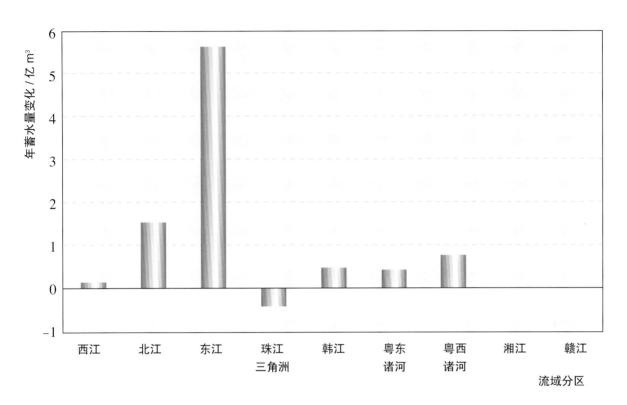

图 14 2023 年广东省流域分区大中型水库年蓄水量变化

（二）地下水水位动态

2023 年年末，与 2022 年同期相比，广东省三大平原区浅层地下水水位总体稳中有升。其中，珠江三角洲平原区浅层地下水水位总体保持稳定，上升区、下降区和相对稳定区的面积占比分别为 19.9%、19.8% 和 60.3%；雷州半岛平原区浅层地下水水位稳中有升，上升区、下降区和相对稳定区的面积占比分别为 37.9%、16.9% 和 45.2%；潮汕平原受降水减少影响，浅层地下水水位略有下降，上升区、下降区和相对稳定区的面积占比分别为 0.8%、29.0% 和 70.2%。

广东省现有湛江市赤坎深层地下水超采区、霞山深层地下水超采区和硇洲岛浅层地下水超采区，超采区面积 401 km²。通过大力压采地下水等综合治理，超采区地下水水位连年上升。2023 年年末与年初相比，超采区平均地下水水位全面上升，其中霞山深层地下水超采区水位上升 2.2m，赤坎深层地下水超采区水位上升 1.6m，硇洲岛浅层地下水超采区水位上升 1.7m。

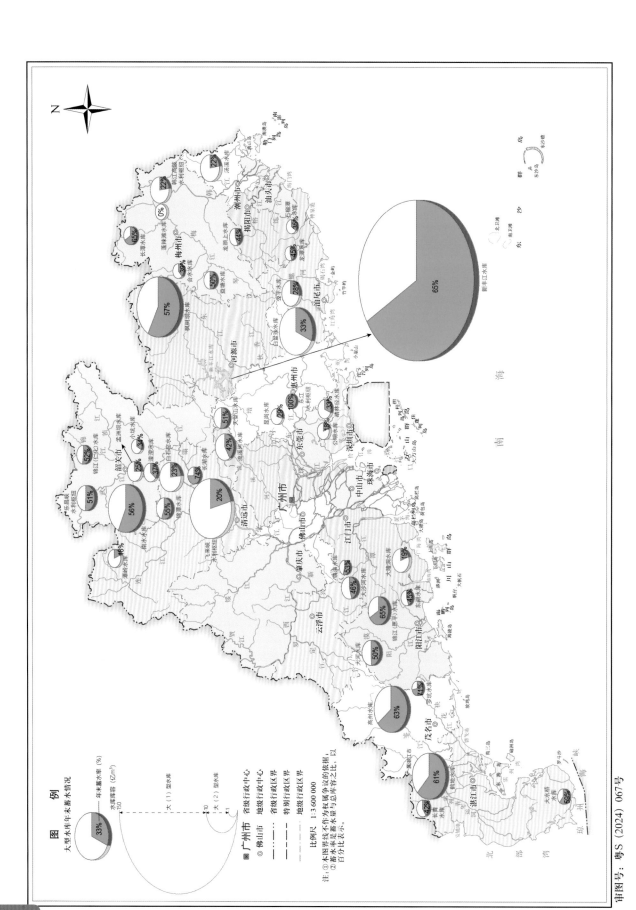

图 15　2023 年广东省大型水库年末蓄水量示意图

审图号：粤S（2024）067号

四、水资源开发利用

（一）供水量

2023 年，广东省供水总量 400.4 亿 m³（不包括对香港、澳门供水量共 9.3 亿 m³）。其中，地表水源供水量 382.0 亿 m³，占供水总量 95.4%；地下水源供水量 5.3 亿 m³，占供水总量 1.3%；其他（非常规）水源供水量 13.1 亿 m³，占供水总量 3.3%。与 2022 年相比，供水总量减少 1.3 亿 m³，其中，地表水源供水量减少 1.5 亿 m³，地下水源供水量减少 1.2 亿 m³，其他（非常规）水源供水量增加 1.4 亿 m³。2023 年供水量组成见图 16。

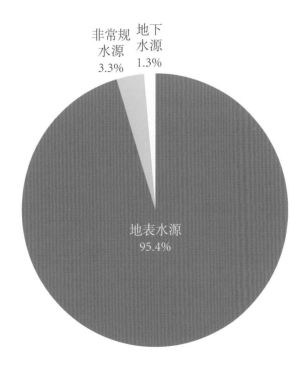

图 16 2023 年广东省供水量组成图

地表水源供水量中，提水工程供水量152.5亿m³，占39.9%；蓄水工程供水量126.3亿m³，占33.1%；引水工程供水量83.5亿m³，占21.8%；跨流域调水量19.7亿m³，占5.2%。与2022年相比，蓄水工程供水量减少2.2%，引水工程供水量增加0.4%，提水工程供水量增加0.5%，跨流域调水量增加1.8%。2023年地表水源工程供水比例见图17。

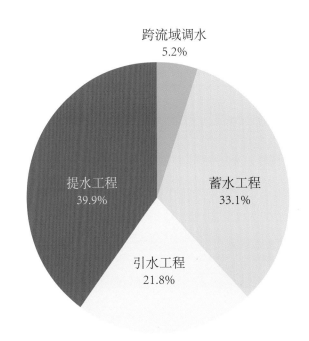

图17 2023年广东省地表水源工程供水比例图

地下水源供水量中，浅层地下水占99.6%，深层地下水占0.4%。地下水开采利用量最多的是湛江，占广东省地下水供水量的66.5%。

其他（非常规）水源供水量中，再生水厂、集雨工程、海水淡化设施供水量以及矿坑水、微咸水利用量分别占90.2%、8.3%、1.4%、0.03%、0.02%，主要是广州、深圳、江门和东莞等市用于人工生态环境补水。

2023年，广东省海水直接利用量536.2亿m³（不计入供用水总量），主要为阳江、深圳、江门、湛江、汕尾、惠州、汕头、潮州、东莞、揭阳、珠海、广州和中山共13个沿海市直流火核电冷却用水。

2023年，大湾区供水总量217.8亿m³，比2022年减少0.02亿m³。其中，地表水源供水量206.7亿m³，占广东省地表水源供水量的54.1%；地下水源供水量0.36亿m³，占广东省地下水源供水量的6.8%；其他（非常规）水源供水量10.7亿m³，占广东省非常规水源供水量的81.3%。

2023年行政分区供水量见表6，供水总量与2022年比较见图18；流域分区供水量见表7，供水总量与2022年比较见图19。

表6 2023年广东省行政分区供水量　　　单位：亿 m³

行政分区	地表水					地下水	非常规水	供水总量	海水直接利用量
	蓄水量	引水量	提水量	跨流域调水量	小计				
广州	2.2	7.3	43.2	3.9	56.7	0.12	4.1	60.9	2.9
深圳	0.71	0.26	7.4	12.0	20.3	0.02	2.0	22.4	122.4
珠海	0.55	0.72	4.6		5.9	0.004	0.13	6.0	12.8
汕头	3.0	1.2	5.0	0.30	9.5	0.02	0.22	9.8	27.4
佛山	1.5	2.7	24.3		28.5	0.002	0.51	29.0	
韶关	10.1	4.4	2.7		17.2	0.25	0.59	18.1	
河源	7.6	6.5	1.0		15.1	0.02	0.02	15.1	
梅州	11.3	5.5	1.6		18.4	0.30	0.18	18.9	
惠州	9.5	3.4	6.2	1.2	20.3	0.12	0.34	20.8	28.0
汕尾	7.0	1.3	1.3		9.6	0.14	0.27	10.0	29.1
东莞	0.26	1.1	17.6		19.0	0.002	1.4	20.3	18.2
中山	0.39	4.3	9.8		14.5	0.003	0.37	14.9	2.7
江门	12.3	5.1	7.0		24.4	0.07	1.6	26.0	81.7
阳江	5.1	3.8	3.5		12.5	0.09	0.10	12.7	138.1
湛江	16.2	3.8	1.0		21.0	3.51	0.34	24.9	35.7
茂名	11.5	9.5	2.9	1.3	25.2	0.07	0.19	25.4	
肇庆	7.7	4.0	5.3	0.15	17.2	0.01	0.25	17.5	
清远	6.2	8.2	2.4		16.8	0.13	0.10	17.0	
潮州	1.5	2.6	2.9	0.22	7.2	0.0004	0.35	7.5	19.8
揭阳	6.2	3.8	1.2	0.65	11.8	0.16	0.06	12.1	17.4
云浮	5.5	3.7	1.7		10.9	0.23	0.02	11.1	
全省	126.3	83.5	152.5	19.7	382.0	5.3	13.1	400.4	536.2
其中：大湾区	35.1	29.0	125.4	17.3	206.7	0.36	10.7	217.8	268.7

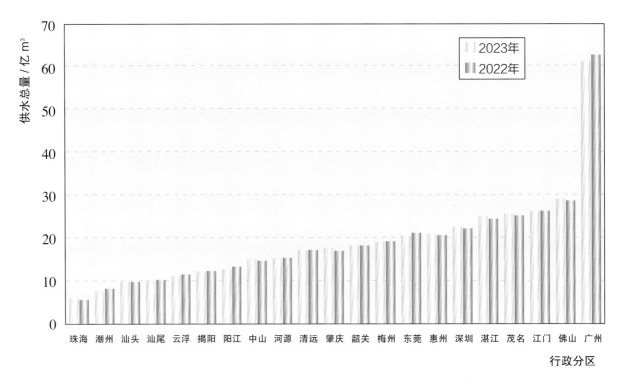

图 18 2023 年广东省行政区供水总量与 2022 年比较图

表 7 2023 年广东省流域分区供水量　　　　　　　　　　　　　单位：亿 m³

流域分区	地表水					地下水	非常规水	供水总量	海水直接利用量
	蓄水量	引水量	提水量	跨流域调水量	小计				
西江	9.6	7.4	4.9		21.9	0.23	0.16	22.3	
北江	19.9	15.0	7.2	0.15	42.2	0.39	1.2	43.8	
东江	13.1	9.0	17.4		39.5	0.11	1.0	40.6	
珠江三角洲	16.0	21.0	102.7	15.9	155.6	0.23	8.9	164.8	155.2
韩江	13.0	8.1	7.7		28.8	0.28	0.26	29.3	6.1
粤东诸河	17.7	7.5	4.7	2.4	32.3	0.37	0.92	33.6	120.2
粤西诸河	37.0	15.4	8.0	1.3	61.6	3.7	0.66	66.0	254.6
湘江	0.017	0.028	0.015		0.06			0.06	
赣江	0.038	0.023	0.002		0.06			0.06	
全省	126.3	83.5	152.5	19.7	382.0	5.3	13.1	400.4	536.2

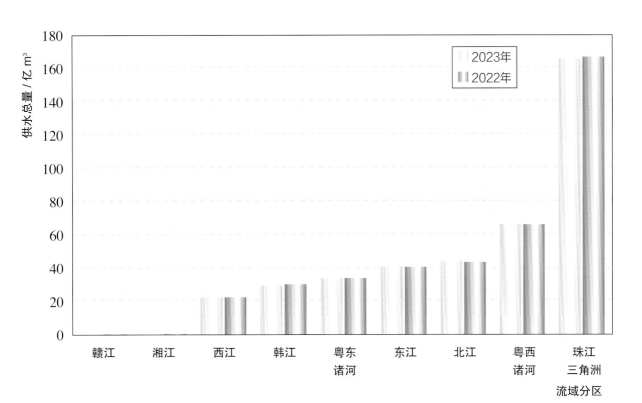

图 19 2023 年广东省流域分区供水总量与 2022 年比较图

（二）用水量

2023 年，广东省用水总量 400.4 亿 m³。其中，农业用水量 197.5 亿 m³，占用水总量的 49.3%；工业用水量 73.6 亿 m³（其中直流火核电冷却用水量 29.0 亿 m³），占用水总量的 18.4%；生活（包括居民生活和城乡公共）用水量 115.9 亿 m³，占用水总量的 28.9%；人工生态环境补水量 13.4 亿 m³，占用水总量的 3.4%。按生产（包括农业、工业和城乡公共）、生活（指居民生活）、生态划分：生产用水量 309.6 亿 m³，占用水总量的 77.3%；居民生活用水量 77.4 亿 m³，占 19.3%；人工生态环境补水量 13.4 亿 m³，占 3.4%。在生产用水量中，第一产业用水量占 63.8%，第二产业用水量占 25.8%，第三产业用水量占 10.4%。

与 2022 年比，广东省用水总量减少 1.3 亿 m³，减幅 0.3%。其中，农业用水量减少 1.2 亿 m³，减幅 0.6%；工业用水量增加 0.2 亿 m³，增幅 0.3%；生活用水量减少 0.8 亿 m³，减幅 0.7%；人工生态环境补水量增加 0.5 亿 m³，增幅 4.2%。

由于自然地理条件和经济社会发展水平以及产业结构的差异，广东省各地区、流域间用水结构差异较大。从行政分区看，大湾区人口密集，经济总量大，用水总量 217.8 亿 m³，占广东省用水总量的 54.4%，其中，人工生态环境补水量 11.7 亿 m³，占广东省人工生态环境补水量的 86.9%；工业用水量 63.2 亿 m³，占广东省工业用水量的 85.9%；生活用水量 81.3 亿 m³，占广东省生活用水量的 70.1%；农业用水量 61.6 亿 m³，占广东省农业用水量的 31.2%。从流域分区看，珠江三角洲农业用水量占本流域用水总量的

21.2%，粤西诸河农业用水量占本流域用水总量的 79.7%；赣江、湘江用水量的 99.8% 为农业生产和农村生活用水。

2023 年行政分区用水量见表 8，用水量组成见图 20；流域分区用水量见表 9，用水量组成见图 21、图 22。

表 8 2023 年广东省行政分区用水量　　　　　　单位：亿 m³

行政分区	农业	其中：灌溉	工业	其中：直流火核电冷却用水	生活 城乡公共	居民生活	人工生态环境补水	用水总量
	生产				生活		生态	
广州	9.2	6.5	23.3	18.2	9.3	14.3	4.8	60.9
深圳	0.71	0.70	4.4		6.4	8.8	2.0	22.4
珠海	0.75	0.56	1.8		1.5	1.7	0.23	6.0
汕头	3.9	3.5	1.2		0.98	3.5	0.18	9.8
佛山	5.3	2.0	12.5	7.5	4.2	6.6	0.40	29.0
韶关	13.7	12.6	1.5		0.72	1.9	0.17	18.1
河源	12.1	11.4	0.73		0.55	1.7	0.11	15.1
梅州	15.3	13.6	0.78		0.73	2.0	0.17	18.9
惠州	11.7	10.7	3.5		1.2	4.0	0.38	20.8
汕尾	7.1	6.1	0.48		0.41	1.8	0.28	10.0
东莞	1.3	0.90	7.8	0.05	4.1	5.8	1.4	20.3
中山	4.3	1.4	5.0	2.5	1.5	3.6	0.44	14.9
江门	16.3	12.0	3.2	0.74	1.7	3.1	1.7	26.0
阳江	9.8	8.4	0.55	0.03	0.52	1.7	0.07	12.7
湛江	19.1	17.9	1.4		0.91	3.4	0.09	24.9
茂名	20.8	18.0	0.84		0.47	3.1	0.19	25.4
肇庆	12.1	10.6	1.7		1.0	2.3	0.30	17.5
清远	12.7	11.1	0.85		1.0	2.4	0.08	17.0
潮州	4.4	3.8	0.48		0.50	1.8	0.38	7.5
揭阳	8.1	6.7	0.89		0.36	2.7	0.03	12.1
云浮	8.9	7.9	0.56		0.36	1.3	0.04	11.1
全省	197.5	166.2	73.6	29.0	38.5	77.4	13.4	400.4
其中：大湾区	61.6	45.3	63.2	29.0	31.0	50.3	11.7	217.8

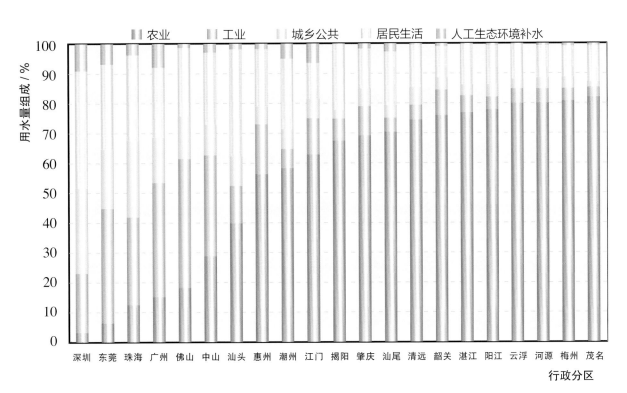

图 20 2023 年广东省行政分区用水量组成图

表 9 2023 年广东省流域分区用水量　　　　　　　　单位：亿 m³

流域分区	农业	其中：灌溉	工业	其中：直流火核电冷却用水	生活 城乡公共	居民生活	人工生态环境补水	用水总量
		生产				生活	生态	
西江	17.0	15.0	1.3		0.99	2.8	0.22	22.3
北江	32.3	28.6	3.6		2.1	5.4	0.36	43.8
东江	19.4	17.9	6.4		4.7	9.0	1.1	40.6
珠江三角洲	34.9	21.9	54.4	29.0	25.5	39.7	10.3	164.8
韩江	20.1	17.9	1.9		1.9	5.1	0.27	29.3
粤东诸河	21.2	18.2	2.9		1.3	7.3	0.83	33.6
粤西诸河	52.6	46.6	3.0	0.03	2.0	8.1	0.36	66.0
湘江	0.058	0.057				0.002		0.06
赣江	0.061	0.048				0.002		0.06
全省	197.5	166.2	73.6	29.0	38.5	77.4	13.4	400.4

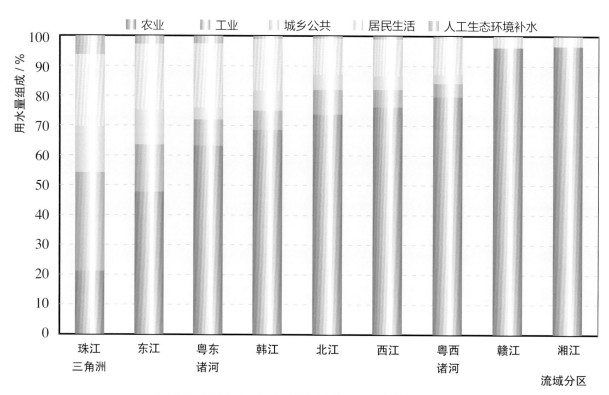

图 21　2023 年广东省流域分区用水量组成图

（三）用水消耗量

　　2023 年广东省用水消耗总量 157.4 亿 m³，耗水率 39.3%。其中：农业用水消耗量 105.6 亿 m³，占用水消耗总量的 67.1%，耗水率 53.5%；生活用水消耗量 34.6 亿 m³，占用水消耗总量的 22.0%，耗水率 29.9%；工业用水消耗量 12.7 亿 m³，占用水消耗总量的 8.1%，耗水率 17.3%；人工生态环境补水消耗量 4.5 亿 m³，占用水消耗总量的 2.8%，耗水率 33.2%。广东省直流火核电冷却用水耗水率 1.5%，用水消耗量 0.44 亿 m³。大湾区用水消耗量 68.8 亿 m³，占广东省用水消耗总量的 43.7%，耗水率 31.2%。

江门市乡村绿廊

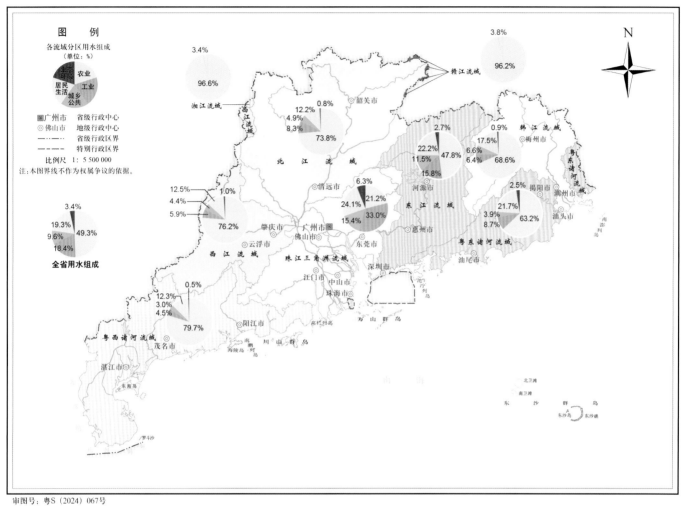

审图号：粤S（2024）067号

图 22　2023 年广东省流域分区用水量组成图

五、用水分析

（一）用水指标

　　2023 年，广东省人均综合用水量 316m³，万元地区生产总值（当年价）用水量 29.5m³，万元工业增加值（当年价）用水量 15.1m³，人均生活用水量 250L/d，人均城乡居民生活用水量 167L/d，耕地实际灌溉亩均用水量 726m³。与 2022 年比，人均综合用水量、万元地区生产总值用水量、万元工业增加值用水量等主要用水指标均降低。农田灌溉水有效利用系数 0.535，较往年持续提高。2023 年行政分区主要用水指标见表 10。2023 年流域分区主要用水指标见表 11。

云浮市集成河碧道

表 10 2023 年广东省行政分区主要用水指标

| 行政分区 | 人均水资源量 /m³ | | 人均综合用水量 /m³ | 万元地区生产总值用水量 /m³ | 万元工业增加值用水量 /m³ | | 耕地实际灌溉亩均用水量 /m³ | 人均生活用水量 /（L/d） | |
	2023 年	多年平均				不含直流火核电冷却用水			城乡居民
广州	369	404	324	20.1	34.6	7.6	783	344	208
深圳	149	154	126	6.5	3.8	3.8	673	235	136
珠海	722	718	241	14.1	10.6	10.6	484	359	189
汕头	311	333	176	30.9	9.5	9.5	755	221	173
佛山	351	310	302	21.8	17.6	7.1	549	308	190
韶关	6987	6403	632	111.4	33.4	33.4	722	252	183
河源	4729	5301	533	112.4	18.3	18.3	777	212	159
梅州	3773	3684	490	134.2	25.0	25.0	863	191	139
惠州	1541	2041	343	36.8	12.7	12.7	751	236	180
汕尾	1877	2120	373	70.1	10.0	10.0	796	227	185
东莞	241	222	194	17.8	12.6	12.6	575	258	152
中山	422	399	335	38.6	27.8	13.8	860	316	221
江门	2926	2494	539	64.6	20.1	15.4	688	275	177
阳江	5645	4086	483	80.1	10.2	9.6	652	230	175
湛江	1770	1299	353	65.6	12.2	12.2	589	166	130
茂名	2428	1802	407	63.7	8.2	8.2	803	156	135
肇庆	3506	3487	424	62.7	17.0	17.0	719	225	155
清远	6249	5999	427	80.2	11.9	11.9	667	236	166
潮州	1077	1264	293	55.6	8.2	8.2	991	243	190
揭阳	1081	1186	214	49.3	10.6	10.5	736	146	129
云浮	3167	2595	465	92.3	17.6	17.6	826	189	148
全省	1542	1453	316	29.5	15.1	9.1	726	250	167
其中：大湾区	727	739	277	19.8	15.6	8.4	710	284	175

表 11 2023 年广东省流域分区主要用水指标

流域分区	人均水资源量 /m³		人均综合用水量 /m³	万元地区生产总值用水量 /m³	万元工业增加值用水量 /m³		耕地实际灌溉亩均用水量 /m³	人均生活用水量 /（L/d）	
	2023 年	多年平均				不含直流火核电冷却用水			城乡居民
西江	3341	3119	447	76.1	15.8	15.8	783	207	153
北江	5840	5474	497	80.3	18.1	18.1	698	233	166
东江	1229	1430	240	24.2	7.6	7.6	753	221	145
珠江三角洲	498	490	282	18.3	17.9	8.4	714	305	186
韩江	1937	1959	355	66.8	12.7	12.7	875	234	170
粤东诸河	1240	1382	254	49.3	10.3	10.3	763	178	151
粤西诸河	2795	2051	411	67.4	10.0	9.9	669	172	139
湘江	14343	13525	893	437.7			577	104	104
赣江	15222	13238	425	1063.1			423	113	113
全省	1542	1453	316	29.5	15.1	9.1	726	250	167

（二）流域水资源开发利用程度

2023 年，按多年平均来水总量统计，广东省水资源开发利用率为 22.2%，其中，东江（含东江三角洲）29.0%，粤西诸河 19.7%，韩江 18.9%，粤东诸河 17.1%，西江 15.3%，北江 9.0%，湘江 6.6%，赣江 3.2%。按 2023 年来水总量统计，广东省水资源开发利用率为 21.0%，其中，东江（含东江三角洲）34.1%，韩江 19.1%，粤东诸河 19.1%，粤西诸河 14.5%，西江 14.3%，北江 8.5%，湘江 6.2%，赣江 2.8%。

广东省地处珠江流域下游，若包括上游入省境水量，按多年平均来水总量统计，广东省水资源开发利用率为 9.8%，其中，东江（含东江三角洲）26.6%，粤西诸河 18.5%，粤东诸河 17.1%，韩江 10.9%，北江 8.5%，西江 1.0%。按 2023 年来水总量统计，广东省水资源开发利用率为 12.4%，其中，东江（含东江三角洲）31.2%，粤西诸河 13.7%，粤东诸河 19.1%，韩江 12.6%，北江 8.0%，西江 1.7%。

（三）1997—2023 年水资源及其利用趋势分析

1. 水资源态势

1997—2023 年，广东省年平均降水量 1817mm（折合降水总量 3227 亿 m³），年平均水资源总量 1865 亿 m³。年降水量及水资源总量在多年平均值附近呈小周期的丰枯交替变化：1997 年、2001 年、2006 年、2008 年、2010 年、2012 年、2013 年、2015 年、2016 年、2019 年、2022 年、2023 年为丰水年或偏丰水年，年降水量偏离多年平均值分别为 25.4%、15.9%、19.2%、20.9%、8.8%、11.8%、23.1%、5.9%、33.1%、12.6%、18.3% 和 5.9%，水资源总量偏离多年平均值分别为 46.1%、21.5%、21.1%、20.6%、9.2%、10.7%、23.7%、5.7%、34.4%、13.0%、20.6% 和 6.1%；1999 年、2003 年、2004 年、2007 年、2009 年、2011 年、2020 年、2021 年为枯水年或偏枯水年，年降水量偏离多年平均值分别为 -15.3%、-19.6%、-25.8%、-11.4%、-10.9%、-17.5%、-11.1% 和 -20.5%，水资源总量偏离多年平均值分别为 -18.2%、-20.3%、-35.1%、-13.6%、-11.8%、-19.6%、-11.1% 和 -33.7%。1997—2023 年降水量及水资源总量变化过程见图 23。

深圳市盐田海滨

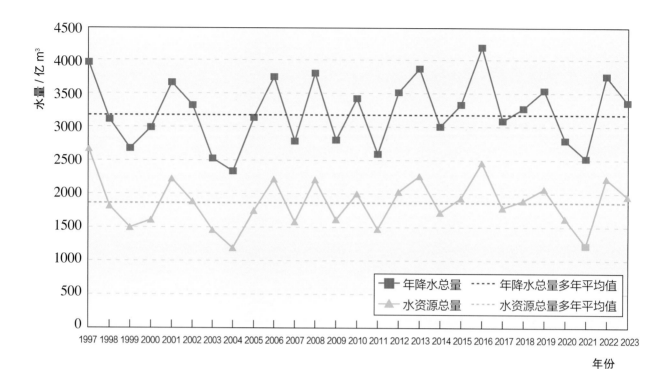

图 23　1997—2023 年广东省年降水量及水资源总量变化过程图

2. 用水量变化趋势

1997 年以来，广东省用水总量呈现先升后降态势，1997—2010 年用水总量缓慢上升，2010—2023 年用水总量逐步下降。用水结构变化显著，其中生活用水量明显增长，农业用水量逐渐减少，工业用水量则呈现 2010 年前总体增加、2010 年后逐年下降态势。用水总量从 1997 年的 439.5 亿 m³ 减少到 2023 年的 400.4 亿 m³，减幅 8.9%，其中，生活用水量从 59.5 亿 m³ 增加到 115.9 亿 m³，增幅 94.7%；工业用水量从 123.6 亿 m³ 减少到 73.6 亿 m³，减幅 40.5%；农业用水量从 256.4 亿 m³ 减少到 197.5 亿 m³，减幅 23.0%。1997—2023 年各类用水量变化见图 24。

1997 年以来，广东省用水效率明显提高，万元地区生产总值用水量和万元工业增加值用水量均显著下降，人均综合用水量逐渐下降，耕地实际灌溉亩均用水量总体下降。2023 年与 1997 年比较，人均综合用水量由 588m³ 下降到 316m³；耕地实际灌溉亩均用水量由 772m³ 下降到 726m³；万元地区生产总值用水量和万元工业增加值用水量分别下降了 91.4% 和 95.5%（按可比价计算）；2023 年万元地区生产总值用水量、万元工业增加值用水量较 2020 年降幅分别为 14.5% 和 21.1%（按可比价计算）。1997—2023 年主要用水指标变化见图 25。

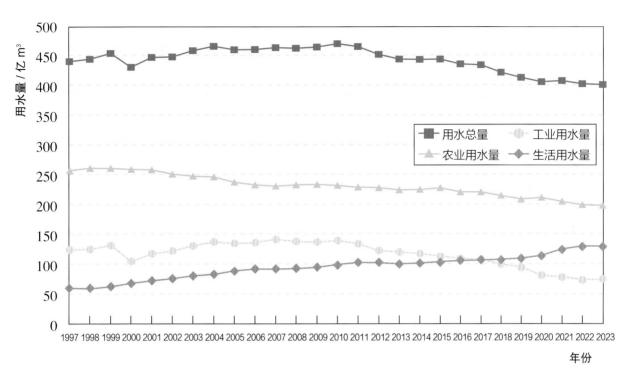

图 24 1997—2023 年广东省各类用水量变化图

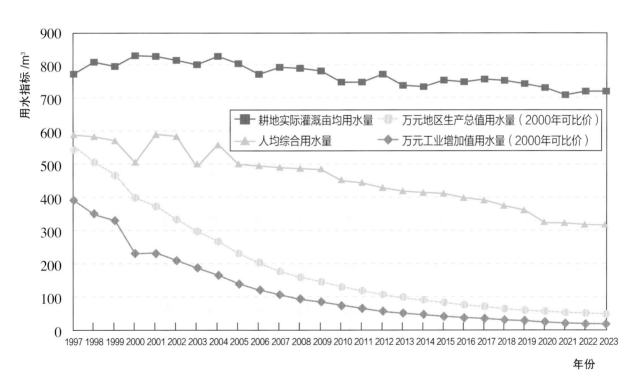

图 25 1997—2023 年广东省主要用水指标变化图

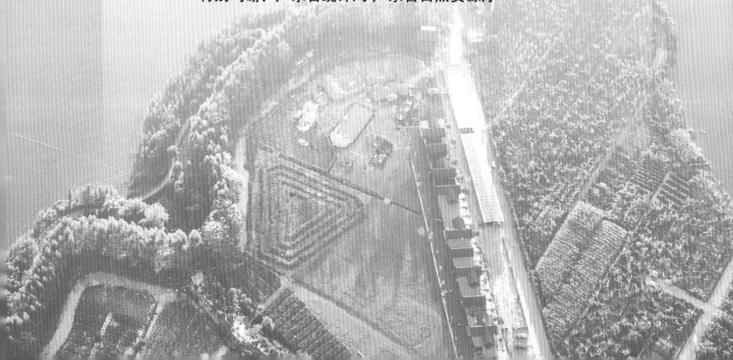

《广东省水资源公报 2023》
编制人员名单

审　定：孟　帆

审　查：廖征红　陈小文　陈　柬　洪日生　叶乃虎
　　　　赵东华　苏华文

主　编：周　舳　黄　芳　罗　勇　李湘姣　杨　琳
　　　　张　磊　王海丽

成　员：（以姓氏笔画为序）
　　　　王　进　王小军　王　彤　王智先　元　进
　　　　韦艳莎　文小平　尹诗婷　冯文星　朱　婷
　　　　任晓惠　刘　玥　刘树锋　苏阳悦　李杰慧
　　　　李雅容　吴海斌　沈雪娇　张　狄　张　恺
　　　　张玲霞　陈　慈　陈梦婷　幸　成　欧正蜂
　　　　易淑珍　金凌波　郑妙洁　钟志坤　徐伟旭
　　　　聂红海　萧雪雯　梁振海　彭　靖　解壮壮

资料来源：广东省各市、县（区）水利（水务）局
　　　　　广东省水文局及各水文分局

特别鸣谢：广东省统计局　广东省自然资源厅